LA GRANDE IMAGERIE

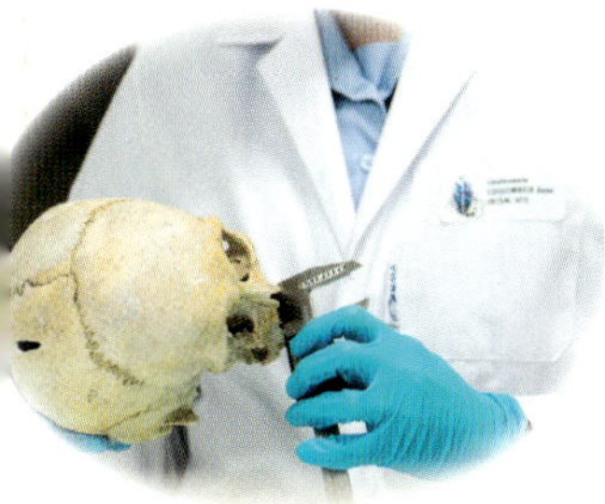

LES EXPERTS SCIENTIFIQUES

Conception
Jack DELAROCHE

Texte
Jean-Paul ALBERT
Conseiller à la cour d'appel de Paris
Président de cour d'assises

Saubahe AYADI-TAKERKART

Illustrations
Jean-Claude BAUER
Jacques DAYAN

Nous remercions, pour leur aimable collaboration et leur aide précieuse, Jean-Julien Xavier-Rolai, conseiller juridique du ministre de l'Intérieur ; Serge Gall, commandant de police, service de communication de la police nationale ; Franck Cabald-Bourguignon, capitaine de police, à la sous-direction de la police technique et scientifique ; Carine Pilosoff, photographe ; Frédéric Dupuch, directeur de l'Institut national de police scientifique ; Emmanuelle Boisseau, chef du service communication ; Professeur Bertrand Ludes, directeur de l'institut médico-légal de Paris ; Général de division Jacques Hébrard et Général François Daoust, commandants du pôle judiciaire de la gendarmerie nationale ; Capitaine Philippe Côme, chef de la section relations extérieures du pôle judiciaire de la gendarmerie nationale ; Jeff Guiot, photographe.

FLEURUS

FLEURUS ÉDITIONS, 15-27, rue Moussorgski, 75018 PARIS
www.fleuruseditions.com

HISTOIRE DE LA POLICE SCIENTIFIQUE

Si la science a longtemps été écartée de l'enquête et de la recherche de la vérité, aujourd'hui l'expertise scientifique est devenue un des éléments de preuve indispensables dans un procès pénal. Les progrès dans les méthodes d'investigation des enquêteurs ont suivi ceux de la science, et les experts, rendus célèbres par les séries télévisées, ont acquis une place particulière dans la science criminelle.

Alphonse Bertillon (1853-1914)

Après avoir débuté comme simple commis à la préfecture de police de Paris, Alphonse Bertillon met en place un système de fichiers réunissant de nombreuses mesures : taille, longueur des bras, des jambes... Plus tard seront intégrées sur ces fiches les empreintes digitales.

Les temps anciens

Autrefois, la recherche de la vérité passait par les aveux. La justice médiévale pratiquait la « question », avec l'utilisation de supplices, pour faire parler les accusés. Il y avait aussi les « ordalies », appelées également « jugements de Dieu », qui imposaient à la personne soupçonnée des épreuves physiques telles que le fer rouge, l'eau bouillante, le feu, pour prouver son innocence. La torture sera un mode d'interrogatoire longtemps utilisé.

Edmond Locard (1877-1966)

Médecin et criminologue, Edmond Locard crée en 1910 le premier laboratoire de police scientifique, installé dans les combles du palais de justice de Lyon. Il est à l'origine du « principe d'échange », selon lequel toute personne, sur une scène de crime, laisse des traces de son passage et emporte des traces des lieux où elle est passée. Son laboratoire développera les expertises des armes et munitions, exploitera les taches de sang et généralisera l'utilisation du microscope pour l'observation des indices.

La naissance des brigades mobiles ou brigades du Tigre

Les brigades du Tigre sont l'ancêtre de l'actuelle police judiciaire française. Elles ont été créées en 1907 par le ministre de l'Intérieur, Georges Clemenceau, afin d'avoir une police mobile et chargée de seconder l'autorité judiciaire dans la répression des crimes et des délits. « Le Tigre » était le surnom de Clemenceau, qui traitait souvent avec férocité ses adversaires politiques.

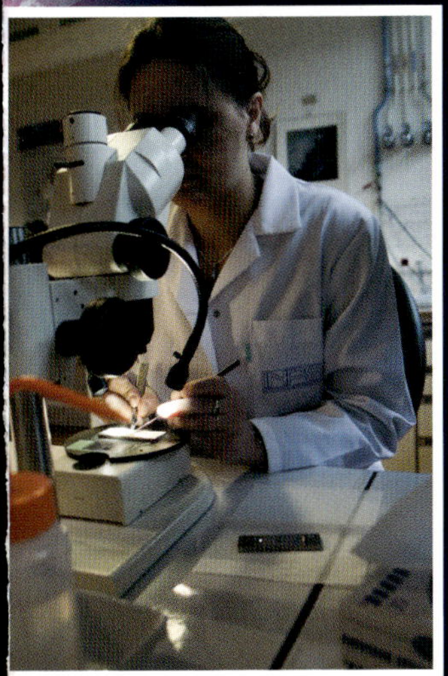

L'évolution de la police et les progrès de la science

Au XIXe siècle, la science intervient dans l'enquête, avec des médecins légistes principalement. Une nouvelle discipline, la criminalistique, se développe. Au XXe siècle, l'apport systématique de la science s'impose dans les techniques d'enquête, tandis que la police se modernise. Une avancée considérable est faite avec la découverte de l'ADN et l'utilisation de l'expertise génétique. Les progrès viennent d'abord des États-Unis et de la Grande-Bretagne. La France développe ces nouvelles techniques et met en place des laboratoires publics pluridisciplinaires comme l'INPS ou l'IRCGN (voir page 8).

Les experts dans la littérature, le cinéma et les séries télévisées

Les affaires criminelles ont toujours passionné les écrivains et le public. L'enquêteur, le détective, le policier deviennent des héros de romans : Sherlock Holmes et le fidèle docteur Watson imaginés par sir Arthur Conan Doyle, le détective Hercule Poirot d'Agatha Christie, Rouletabille de Gaston Leroux, le commissaire Jules Maigret de Georges Simenon... Des films sont tirés de leurs aventures. Plus récemment, la série télévisée américaine « Les Experts : Miami », qui a connu un succès mondial, met en scène le travail des experts scientifiques (ci-dessous).

L'ORGANISATION

La mission de la police judiciaire est de constater les infractions à la loi pénale, de rassembler les preuves, de rechercher les auteurs de crimes. Les experts et techniciens scientifiques participent donc à cette mission auprès de la police et de la gendarmerie en charge des enquêtes, soit dans un cadre public, soit à titre privé, soit dans des laboratoires.

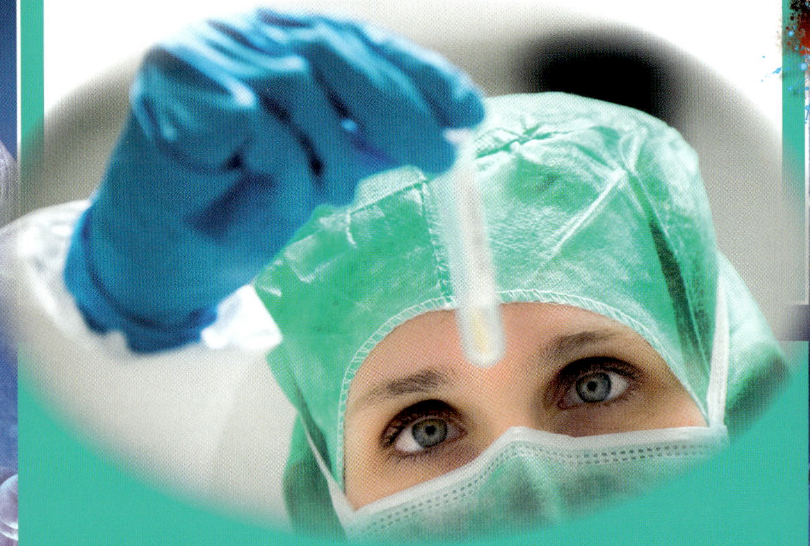

La mission

Experts et techniciens scientifiques concourent dans leurs domaines à la manifestation de la vérité. Les policiers (dans les grandes agglomérations) et les gendarmes (dans les zones rurales et les petites villes) travaillent sous l'autorité du procureur de la République et, pour les crimes et les affaires les plus complexes, sous celle du juge d'instruction.

L'expert scientifique est missionné par un magistrat (procureur de la République ou juge d'instruction) ou réquisitionné par un enquêteur. À l'issue d'un délai fixé, il leur remet son rapport et ses conclusions. Les experts scientifiques sont agréés (accrédités) par une cour d'appel ou la Cour de cassation.

L'INPS

L'Institut national de police scientifique regroupe les cinq laboratoires de police scientifique de Paris, Lyon, Marseille, Lille et Toulouse. Employant plus de 750 agents, essentiellement scientifiques, il couvre la diversité des domaines criminalistiques : biologie génétique, traces papillaires, documents et écritures, stupéfiants, toxicologie, physique-chimie, balistique, incendies-explosions, médecine légale et technologies numériques. Grâce à ses implantations géographiques, il est particulièrement impliqué dans les affaires de criminalité et de terrorisme.

La SDPTS

La sous-direction de la police technique et scientifique a pour mission les constatations techniques sur les scènes d'infraction, les prélèvements et analyses des traces et indices, la gestion des fichiers d'identification et de la documentation criminelle, la formation des personnels.

L'IRCGN

L'Institut de recherche criminelle de la gendarmerie nationale est un centre scientifique pluridisciplinaire fondé en 1990. Implanté à ses débuts au fort de Rosny, il est aujourd'hui installé à Pontoise, en région parisienne. L'IRCGN recouvre, comme l'INPS, la totalité du domaine criminalistique, avec un laboratoire de médecine légale. Il s'est aussi spécialisé dans les grandes catastrophes (crashs aériens).

IGNA

Les experts indépendants

Ils travaillent dans un cadre privé ou dans des laboratoires (par exemple, le laboratoire IGNA de Nantes ou de Marseille) dans les domaines les plus diversifiés : agriculture, art, culture, médias, sport, économie et finance, transport, informatique, santé, médecine légale, génétique, balistique, criminalistique, interprétariat...

Recrutement

Un haut niveau d'études, de compétences et de formation est exigé pour être expert. Un dossier d'inscription est adressé au procureur de la République. La police et la gendarmerie recrutent dans leurs effectifs ou par concours des spécialistes des différents domaines.

C.N.C.E.J

Le Conseil national des compagnies d'experts de justice fédère 80 compagnies pluridisciplinaires (par cour d'appel) et monodisciplinaires (par spécialité) qui regroupent près de 10 000 experts de justice.

LES EXPERTS DU CORPS HUMAIN

Lorsqu'un cadavre est découvert, il s'agit de déterminer les causes de sa mort : accident, suicide, crime. Le médecin légiste peut se déplacer sur les lieux pour faire les premiers constats : position et rigidité du corps, examen des blessures. Ensuite, le corps est transporté à l'institut médico-légal, ou morgue, où le médecin légiste pratique l'autopsie, c'est-à-dire l'examen externe et interne du corps de la victime avant qu'une série d'analyses complémentaires soit effectuée : radiologie, toxicologie...

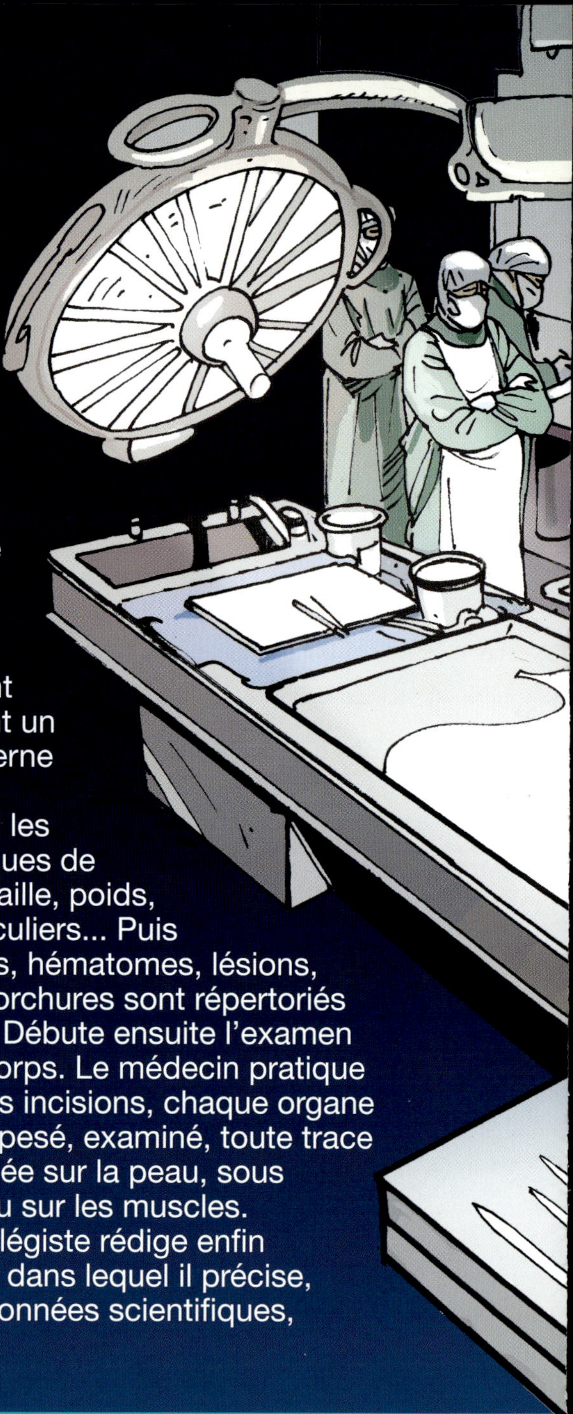

L'autopsie

Le cadavre est conduit dans la salle d'autopsie. Le médecin légiste et son assistant commencent un examen externe en relevant tout d'abord les caractéristiques de la victime : taille, poids, signes particuliers... Puis les blessures, hématomes, lésions, griffures, écorchures sont répertoriés et analysés. Débute ensuite l'examen interne du corps. Le médecin pratique de profondes incisions, chaque organe est prélevé, pesé, examiné, toute trace est recherchée sur la peau, sous les ongles ou sur les muscles. Le médecin légiste rédige enfin son rapport, dans lequel il précise, à partir de données scientifiques,

L'anatomopathologie

L'anatomopathologie a pour objet l'analyse des tissus biologiques et des cellules pathologiques prélevés par le médecin légiste lors de l'autopsie. Cet examen se pratique à l'œil nu (examen macroscopique) ou à l'aide de microscopes (examen microscopique). Ces expertises permettent de confirmer ou de compléter les conclusions du médecin légiste.

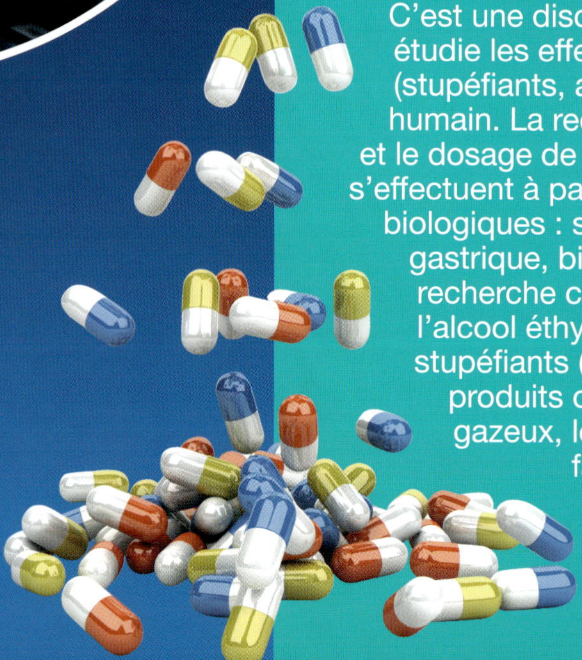

La toxicologie

C'est une discipline scientifique qui étudie les effets des substances toxiques (stupéfiants, alcool...) sur l'organisme humain. La recherche, l'identification et le dosage de substances toxiques s'effectuent à partir des prélèvements biologiques : sang, urine, contenu gastrique, bile, cheveux. Cette recherche concerne par exemple l'alcool éthylique, les produits stupéfiants (cannabis, héroïne, cocaïne, produits de synthèse), les toxiques gazeux, les poisons. La toxicologie fait appel à des techniques scientifiques et à un matériel très complexes.

les conditions et les circonstances de la mort : quelle arme a été utilisée, quels gestes ont été effectués, quelle a été la trajectoire de la balle, s'il s'agit d'une strangulation, d'une pendaison, d'une asphyxie, d'une noyade accidentelle ou criminelle, si la victime a résisté ou si elle s'est protégée.

Gros plan sur des diatomées

En cas de noyade

Dans le cas d'une noyade, le médecin légiste peut arriver à déterminer s'il s'agit d'un crime (par exemple, quand la personne a été tuée puis jetée à l'eau) ou d'un accident : dans ce dernier cas, les différents organes de la victime (poumons, reins, foie, cerveau...) contiennent des algues microscopiques, appelées diatomées, présentes sous diverses formes dans les eaux froides.

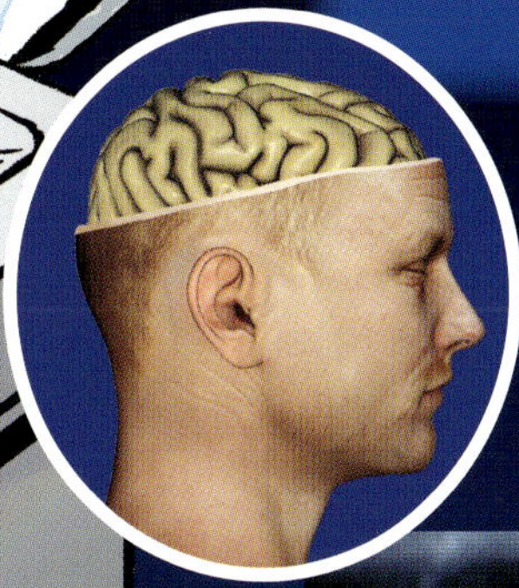

Lors de l'autopsie, pour dégager le cerveau, le médecin légiste découpe la boîte crânienne avec une scie électrique.

Le squelette et la dentition

En cas de destruction d'un cadavre, d'incendie volontaire pour faire disparaître les preuves, de catastrophe aérienne, le squelette peut apporter des informations précieuses sur le sexe (crâne et bassin), l'âge ou la taille de la victime. De même, la dentition, qui ne se détruit pas facilement, est utile pour donner un âge, identifier un cadavre, déterminer la marque d'une morsure.

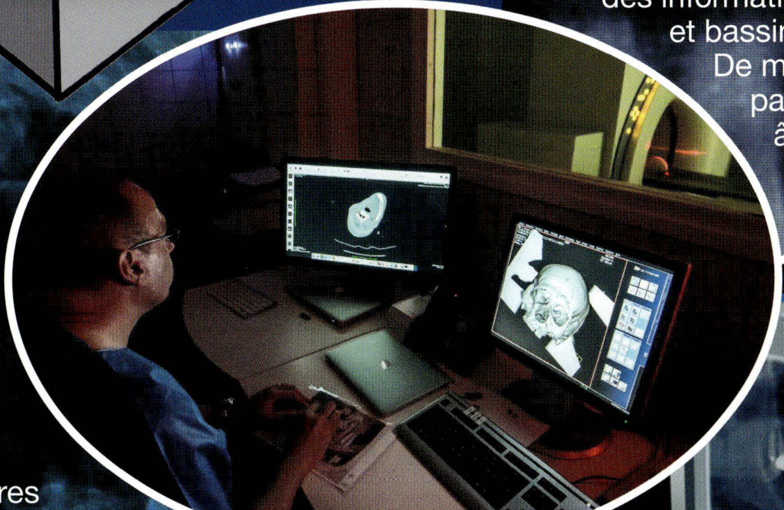

L'examen radiologique

Le cadavre subit également une radiographie pour constater les cassures ou fractures d'os mais aussi pour vérifier qu'il ne reste pas de corps étrangers, par exemple des éléments métalliques (balles ou morceaux de lame de couteau).

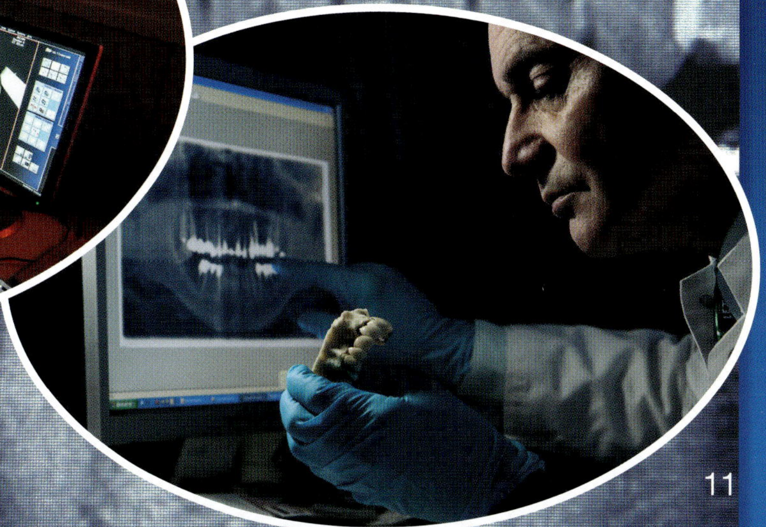

LES EXPERTS EN GÉNÉTIQUE

Il est difficile de ne pas laisser sa trace génétique sur une scène de crime, même en prenant ses précautions. La possibilité d'extraire, d'identifier et de comparer l'ADN de différents individus a révolutionné le travail de la police scientifique. L'expertise génétique est devenue une technique fondamentale et généralisée. Elle a permis d'élucider de nombreuses affaires, en identifiant génétiquement les auteurs ou en innocentant des personnes soupçonnées.

Sir Alec John Jeffreys, né le 9 janvier 1950, est un généticien britannique qui a développé des techniques d'analyse génétique.

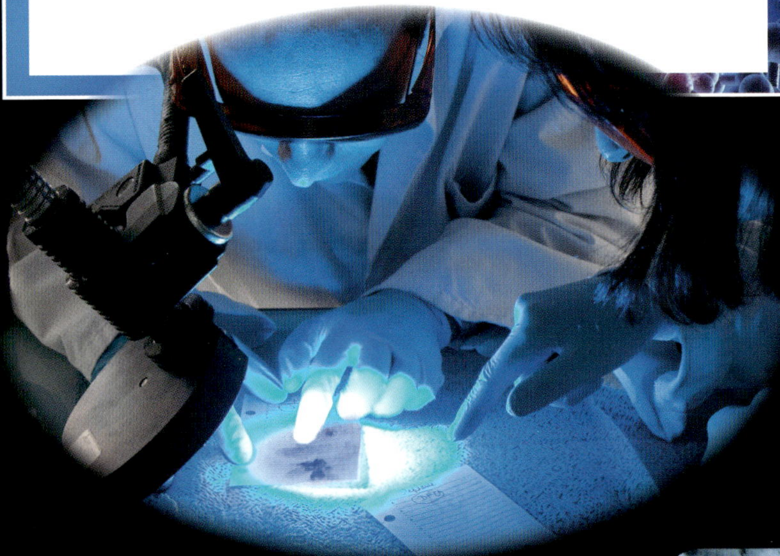

L'empreinte ADN ou l'établissement de profils génétiques

C'est en 1983, en Grande-Bretagne, que, pour retrouver le violeur et meurtrier d'une jeune fille, la police demande à sir Alec John Jeffreys, un généticien britannique, d'appliquer son test d'identification génétique. Un séquençage est effectué, permettant d'établir à partir de l'ADN une sorte de « code-barres ». Les techniques analytiques dans ce domaine ont fait d'importants progrès, avec une automatisation et une robotisation des traitements. Par ailleurs, des contrôles rigoureux ont été mis en place pour éviter tout risque d'erreur.

Qu'est-ce que l'ADN ?

L'ADN, ou acide désoxyribonucléique, est une longue molécule en forme de double hélice qui se trouve dans les cellules du corps humain et qui renferme toutes les données génétiques caractéristiques de chaque individu. Elle est propre à chacun d'entre nous, comme une carte d'identité.

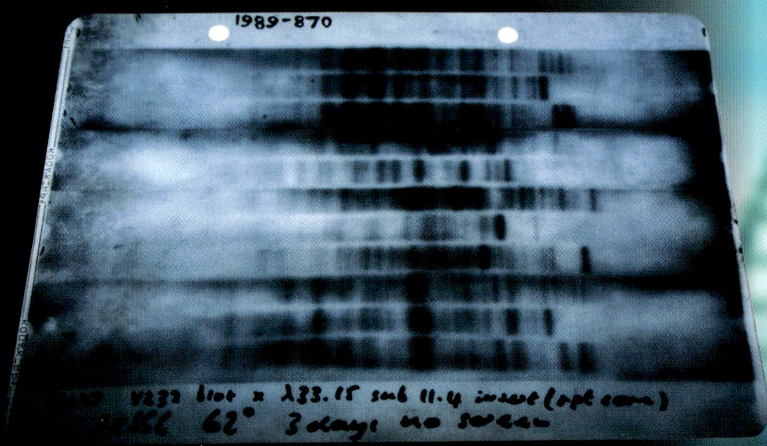

Une carte génétique

La recherche de traces biologiques

Les techniciens de la police scientifique recherchent les traces de sang, de sperme, de salive, de peau, d'os, d'éléments pileux ; ils prélèvent tous les objets ayant pu être en contact avec ces éléments (par exemple, des draps, des serviettes, de la moquette...). Ils utilisent pour cela des sortes de Coton-Tige, appelés écouvillons, ou du papier spécial. Les techniciens prennent la précaution de ne pas polluer la scène de crime en ajoutant leur propre ADN.

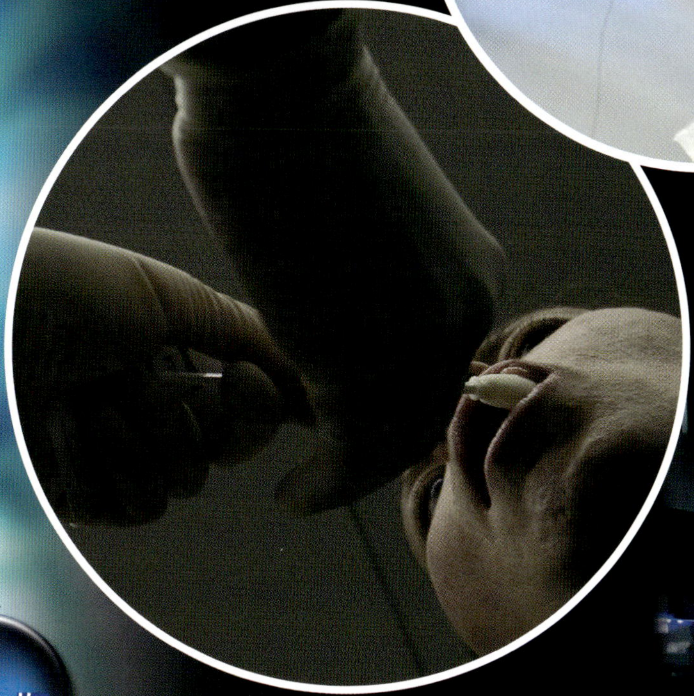

Les comparaisons d'empreintes

Les empreintes génétiques obtenues à partir des ADN prélevés sur la scène du crime sont ensuite comparées à celles de la ou des personnes mises en cause. Des prélèvements buccaux sont effectués et envoyés au laboratoire. Une empreinte génétique peut aujourd'hui être déterminée dans un délai très court.

Le Fichier national automatisé des empreintes génétiques

Créé en 1998, ce fichier (FNAEG), géré par la sous-direction de la police technique et scientifique, enregistre les données génétiques d'individus qui ont été condamnés ou placés en garde à vue et dont on a prélevé l'ADN, ainsi que les traces relevées sur des scènes d'infraction. Il permet de faciliter les comparaisons et les identifications.

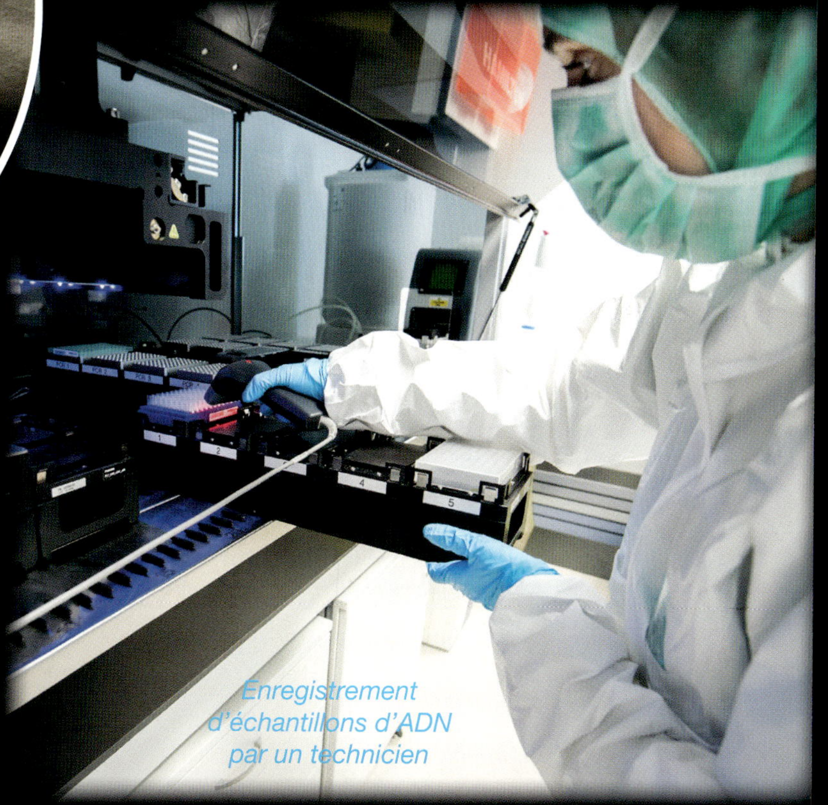

Enregistrement d'échantillons d'ADN par un technicien

LES EXPERTS ET LES TRACES

Il est rare que des malfaiteurs ou des criminels ne laissent aucune trace sur les lieux des faits : empreintes digitales (ou dactyloscopiques), de la paume, de l'oreille, traces de pas, de pneus, de peinture, de terre, projections de sang, poils, cheveux, insectes... Ce sont autant d'indices que les enquêteurs puis les experts vont exploiter, soit pour identifier les auteurs, soit pour obtenir des pistes permettant d'orienter l'enquête.

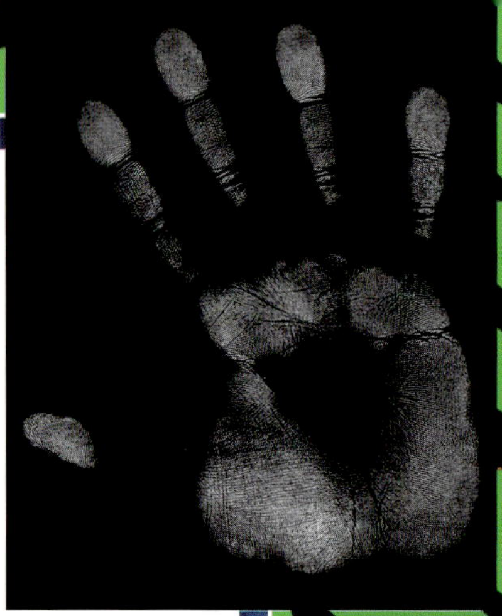

Les empreintes digitales

Le bout de nos doigts comporte des lignes sinueuses en relief, de même que la paume de nos mains. Elles marquent les objets que l'on touche. L'utilisation des empreintes digitales remonte au XIXe siècle : sir William Herschel, magistrat dans les Indes britanniques, utilise les empreintes laissées sur du papier pour identifier les fraudes à l'état civil. En 1892, sir Francis Galton publie un livre sur les empreintes dactyloscopiques et en 1901 la police britannique met en place le premier fichier. En France, à la même date, Henri Léon Scheffer est le premier criminel arrêté grâce à la découverte de ses empreintes digitales, qu'il avait déposées sur un morceau de verre.

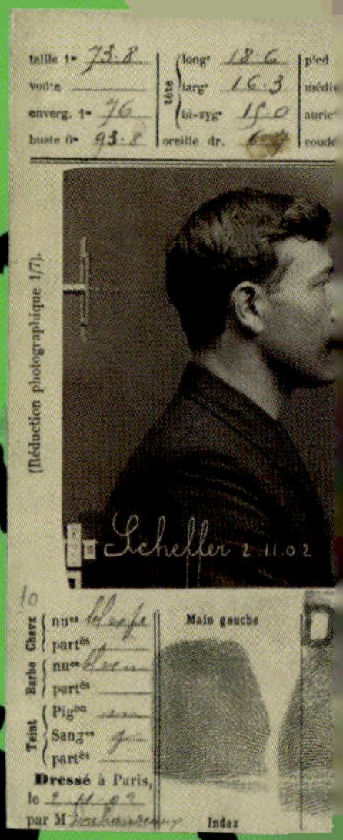

La prise et l'exploitation des empreintes digitales

Qu'il s'agisse d'empreintes visibles ou invisibles (latentes), le technicien de la police scientifique répand sur le support où elles se trouvent de la poudre blanche ou noire, qui est dispersée à l'aide d'un pinceau. Ensuite, un adhésif est appliqué, permettant le transfert de l'empreinte. Le technicien peut aussi utiliser de la poudre fluorescente ou magnétique ou du nitrate d'argent, en fonction des supports et des contrastes de couleurs. Pour les traces les plus délicates, il est parfois fait appel au laser ou à la Super Glue (colle cyanoacrylique).

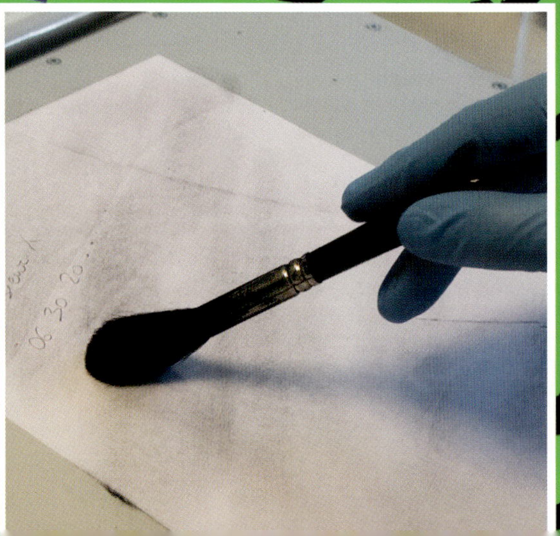

Après le relevé d'empreintes vient le travail de comparaison avec des empreintes de référence. Il existe en France un Fichier automatisé des empreintes digitales (FAED), géré par la sous-direction de la police technique et scientifique, qui enregistre les empreintes des personnes connues des services de police. L'ordinateur va automatiquement rechercher les points de comparaison ou de concordance à partir des caractéristiques des dessins formés sur la peau des doigts : boucles, arcs... Pour la paume de la main, la technique est la même.

Autres types de traces

Avant qu'elles ne s'effacent, les experts photographient, mesurent et prennent un moulage des traces laissées au sol par des chaussures, des pneus ou des pieds (voir photo ci-contre). Ces éléments permettront par la suite de faire des comparaisons avec des objets saisis (paire de chaussures ou véhicule, par exemple).

Cheveux, poils et fibres textiles

Les cheveux et les poils recueillis sur une scène de crime apportent des informations utiles sur leur propriétaire : couleur des cheveux, teinture. L'ADN peut même être extrait de ces éléments. De même, les fibres textiles examinées au microscope permettent de faire des comparaisons avec des vêtements. Les traces de terre ou de pollen apportent des précisions sur le sol et l'environnement.

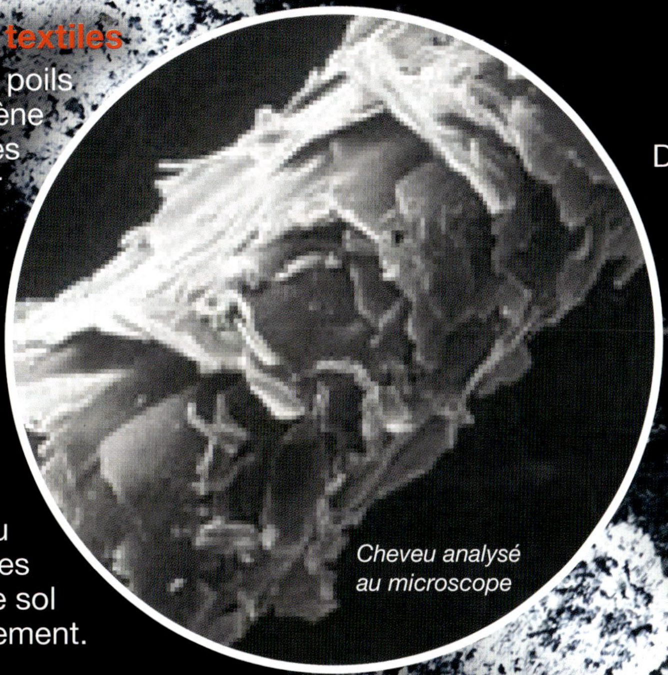

Cheveu analysé au microscope

Traces de peinture et éléments de carrosserie

Dans un accident de la circulation et en cas de délit de fuite, les traces de peinture ou des éléments de carrosserie peuvent conduire à l'identification du véhicule en cause et de son propriétaire.

L'ADN peut même être extrait d'un cheveu ou d'un poil si le bulbe est intact. Ces éléments peuvent également conduire à une analyse toxicologique.

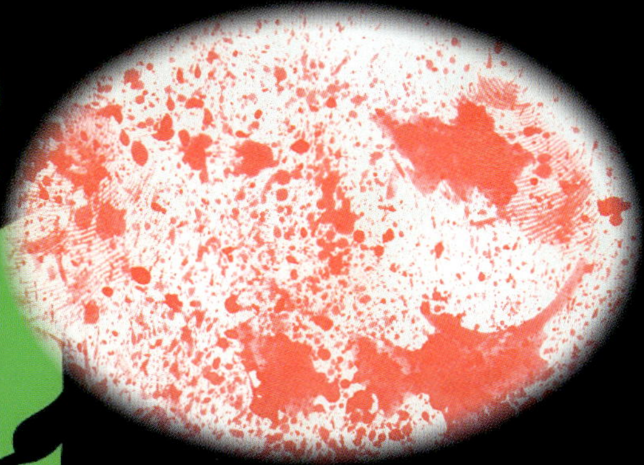

La morpho-analyse

C'est une technique concernant l'analyse des traces de sang projetées par la victime et révélées par un détecteur appelé Bluestar. Elle permet de déterminer notamment le type d'arme, la position de la victime ou de l'auteur, la nature des coups.

Traces de vie des insectes

L'entomologie criminelle remonte à la fin du XIXe siècle. Un vétérinaire, Jean-Pierre Mégnin, a démontré qu'un cadavre attire les insectes dans un ordre précis. Les différents stades d'évolution d'un insecte retrouvé sur un cadavre (pour la mouche : œuf, larve, pupe et insecte adulte) apportent des précisions sur la date de la mort.

ARMES, EXPLOSIFS ET INCENDIES

Une arme est généralement le premier indice que les techniciens recherchent sur les lieux d'un crime. Il peut s'agir d'une arme blanche, le plus souvent un couteau, un cutter, un objet tranchant ou lourd, ou d'une arme à feu : arme de poing (pistolet, revolver), fusil, pistolet automatique, arme de guerre. La balistique, l'étude des armes à feu, est une science complexe. Les experts sont aussi amenés à examiner les explosifs lorsque ceux-ci sont utilisés lors d'un crime (attentats à l'explosif), ainsi que les produits incendiaires en cas d'incendie criminel.

Le fonctionnement d'une arme à feu

Toute arme à feu fonctionne sur le même principe : une pression doit être exercée sur la détente de l'arme, qui actionne un percuteur. Celui-ci frappe une cartouche contenant de la poudre et une balle. Le canon d'une arme comporte des rainures qui permettent à la balle, en s'échappant, de tourner sur elle-même, mais aussi d'identifier une arme, car elles laissent des traces sur la balle.

Lors d'un tir, un nuage de poudre et de gaz s'échappe du canon et se dépose sur les mains ou les vêtements du tireur ou de la victime, lorsque le tir est rapproché. Les résidus de tir sont prélevés et analysés avec un microscope électronique à balayage. De précieux renseignements sont recueillis sur le tireur ou la distance de tir.

La balistique

Tout d'abord, les experts vont rechercher sur la scène de crime les douilles, les balles perdues, les impacts de balle qui sont matérialisés par des cavaliers (en jaune, à gauche) ou des baguettes pour connaître les trajectoires.

Si une arme est découverte, les experts l'examinent en laboratoire : origine, état de fonctionnement, sensibilité de la détente, restauration des marquages et numéro de série. L'arme est aussi soumise à une série de tests, dont des tirs d'expérience dans des caissons et des gaines de tir. Des comparaisons d'éléments de tir (étuis percutés, projectiles) sont effectuées à l'aide d'un macroscope.

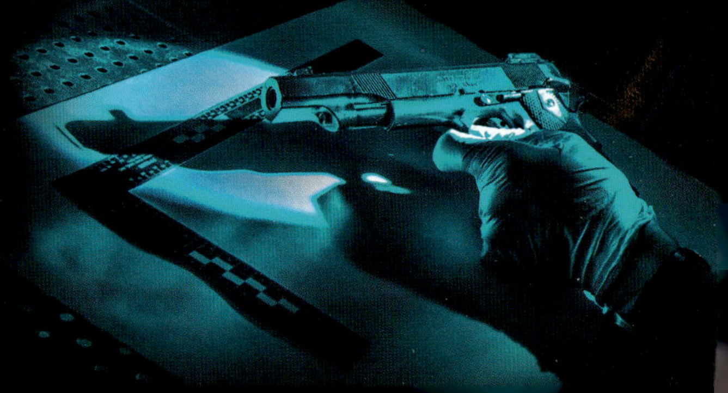

La trajectoire d'une balle

Les experts étudient les trajectoires et les distances de tir, soit en laboratoire (reconstitution, examen de prélèvements anatomiques, de vêtements et supports divers), soit sur le site au moyen d'un laser.

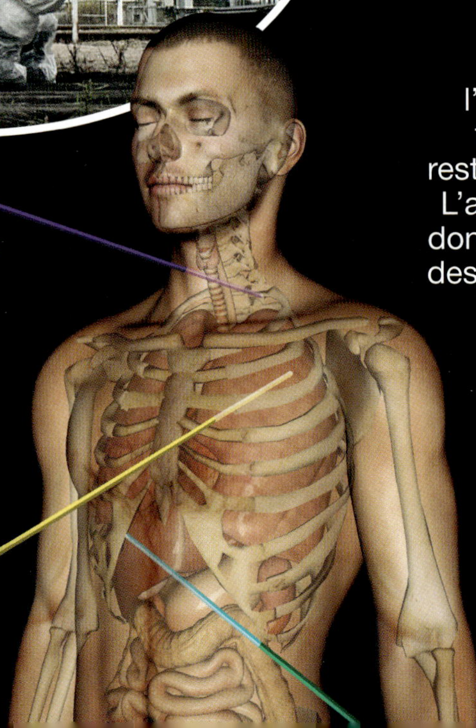

Les armes saisies sont stockées et protégées dans des armureries, compte tenu de leur extrême dangerosité.

Explosions et incendies

Après les premières constatations et les prélèvements, les experts recherchent les causes de l'incendie : criminel ou accidentel ? Pour ce faire, ils tentent de localiser le ou les foyers du sinistre, sa progression, l'utilisation éventuelle d'accélérateurs de combustion... Le feu est parfois utilisé pour détruire les preuves d'un crime ou même un cadavre, mais il ne détruit pas tout !

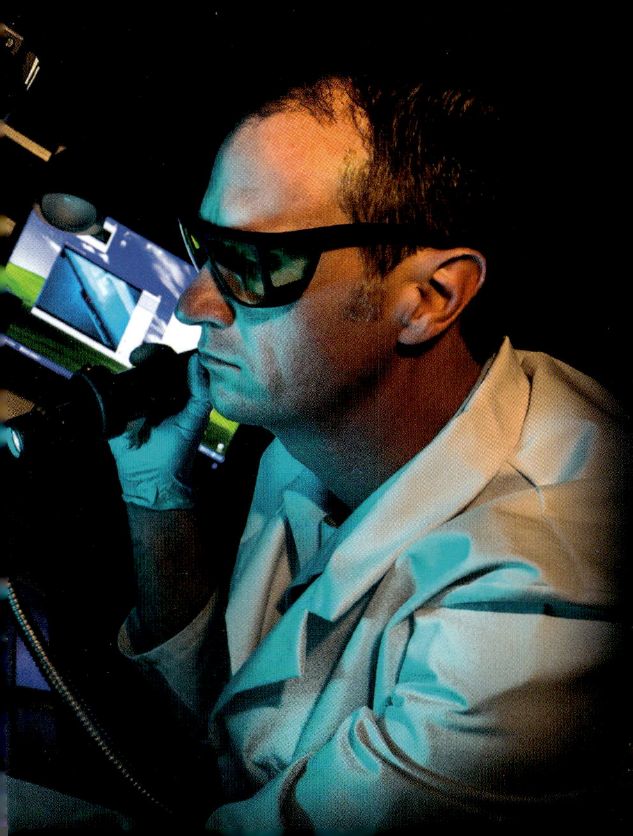

Lors d'une explosion non accidentelle, après le passage du service de déminage, les experts doivent déterminer la nature de l'engin explosif, reconstituer son système de mise à feu, la qualité de l'explosif utilisé, faire des rapprochements avec d'autres affaires. Des techniques d'analyses chimiques complexes sont employées.

Le tamisage à la recherche d'indices peut aider à comprendre la chronologie d'un incendie.

LES NOUVELLES TECHNOLOGIES

Les nouveaux moyens technologiques, téléphonie et informatique principalement, ont bouleversé les méthodes d'enquête et imposé des expertises de plus en plus techniques. Face à des malfaiteurs qui n'hésitent pas à utiliser ou à détourner ces nouvelles technologies, la police et les experts doivent s'adapter et répondre par des investigations très poussées et des expertises encore plus sophistiquées.

L'exploitation de la téléphonie

Des écoutes téléphoniques sont sollicitées auprès des magistrats et toutes les conversations et données (fadettes) utiles à la manifestation de la vérité sont enregistrées : appels entrants et sortants, identification des intervenants sont répertoriés dans des logiciels. L'usage généralisé du téléphone portable ou mobile a entraîné de nouvelles méthodes d'expertise téléphonique : exploitation de la carte SIM, qui stocke toutes les données (téléphonie et messagerie, photographies et Internet), du boîtier du téléphone, qui dispose d'un numéro d'identification. Les malfaiteurs multiplient les cartes SIM sous de fausses identités et passent d'un téléphone à un autre. Les nouvelles générations de téléphones mobiles (4 G) rendent plus complexes le décodage et l'exploitation des données communiquées par l'opérateur téléphonique.

La géolocalisation

Le téléphone portable communique en permanence avec une antenne-relais qui émet un signal vers le mobile et permet de le localiser (bornage du téléphone). Cette localisation est très précise, surtout dans les zones urbaines.

Les grandes enquêtes et la téléphonie

Grâce à la téléphonie, de nombreuses enquêtes criminelles ont été élucidées. Ainsi, en 2003, l'étude de la messagerie du téléphone d'Antonio Ferrara, abandonné dans sa cellule lors de son évasion de la prison de Fresnes, a permis d'identifier l'un des membres du commando puis de faire progresser l'enquête. De même, la géolocalisation et l'étude systématique des appels d'un mobile lors de l'assassinat du préfet de Corse Claude Érignac, le 6 février 1998, à Ajaccio, ont conduit à la première piste de l'enquête. Plus récemment, lors des attentats du 13 novembre 2015, à Paris, de considérables investigations ont été menées sur la téléphonie, apportant des indications précieuses pour l'enquête.

Le traitement de l'image

Les caméras de surveillance se développent dans les villes et sur le territoire : dans les rues, dans les transports en commun, dans les banques et les distributeurs automatiques de billets, dans les commerces, les bâtiments publics... L'exploitation des bandes vidéo, le traitement des images par des experts pour les agrandir, améliorer leur netteté, identifier des personnes sont des investigations scientifiques devenues très courantes. Il existe même des logiciels d'identification permettant d'individualiser des personnes dans une foule.

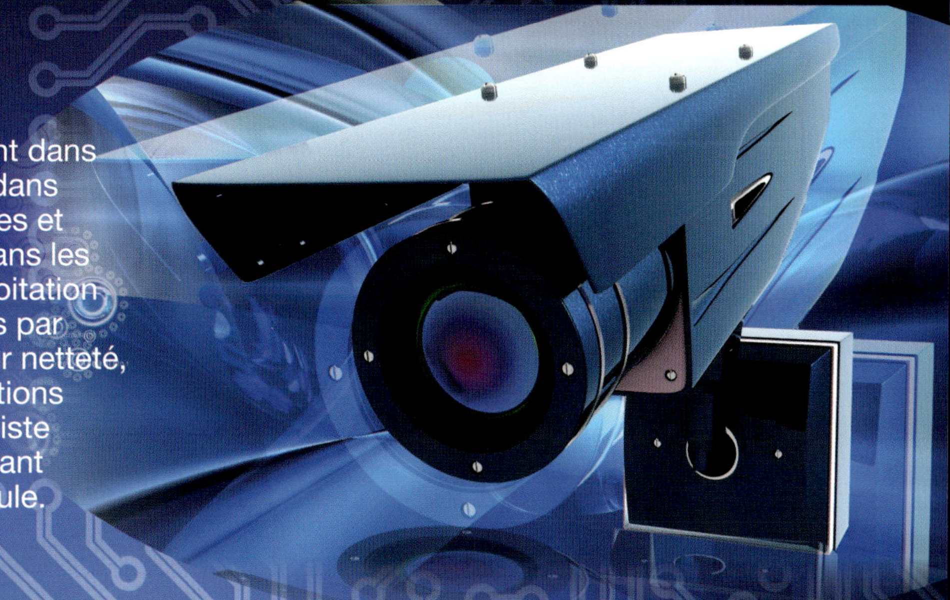

Les expertises et le son

Lorsque la police dispose d'un enregistrement sonore, il est souvent très utile d'identifier la voix et de la comparer à celle d'un suspect. Des expertises de reconnaissance vocale sont alors diligentées. Les fréquences sonores et les amplitudes sont illustrées par des graphiques (spectrogrammes). De même, la bande sonore peut être polluée par divers bruits de fond qu'il faut retirer ou identifier.

Les expertises et l'informatique

La cybercriminalité connaît un développement considérable : les hackeurs, ou pirates informatiques, s'introduisent dans des logiciels d'ordinateurs publics ou privés pour voler des données confidentielles. Les escroqueries par Internet (à la carte bancaire, en piratant les données bancaires d'une personne ou d'une société) se multiplient. Les réseaux sociaux sont une source inépuisable d'informations mais aussi d'échanges criminels (réseaux pédophiles ou pédo-pornographiques, terroristes...) faisant l'objet de surveillances policières. L'ordinateur est également un instrument indispensable à l'enquête et les experts sont très souvent sollicités. Lors d'une perquisition, l'ordinateur est généralement saisi puis analysé par des techniciens, et si les informations sont intéressantes, il est transmis à l'expert en informatique, qui va en extraire le disque dur pour analyser toutes les données.

Expertises et affaires financières

De nombreuses affaires financières sont soumises à la justice (exemples : affaires Elf ou Kerviel et la Société générale). Les enquêteurs saisissent dans les sociétés des documents comptables et sociaux, et plus particulièrement les ordinateurs, qui sont exploités pour reconstituer les éléments financiers et comptables. Il faut les analyser pour comprendre les mécanismes financiers. C'est le travail des experts en comptabilité et en finance.

LES EXPERTS ET LA PERSONNALITÉ

L'étude de la personnalité des auteurs de faits criminels mais aussi des victimes est un élément très important de la criminalistique. Experts psychiatres et psychologues analysent les maladies psychiatriques et les traits de caractère des sujets ; les profileurs tentent de déterminer la personnalité du criminel ; les fichiers informatisés facilitent les recoupements ; les graphologues étudient les écritures ; les portraits-robots ou les reconstitutions faciales permettent des identifications ou des visualisations de visages.

L'expert psychologue

Il a pour mission d'analyser la personnalité d'un individu, son niveau d'intelligence, son tempérament et ses traits de caractère au travers des éléments familiaux et sociaux, d'expliquer si ces éléments de personnalité sont de nature à révéler le mobile des faits reprochés au sujet, de déterminer s'il a besoin d'un traitement. Le psychologue s'entretient avec la personne mise en cause, mais aussi avec la victime. Dans ce cas, il évalue les conséquences traumatiques des faits sur celle-ci. Il intervient également durant l'audience de la cour d'assises.

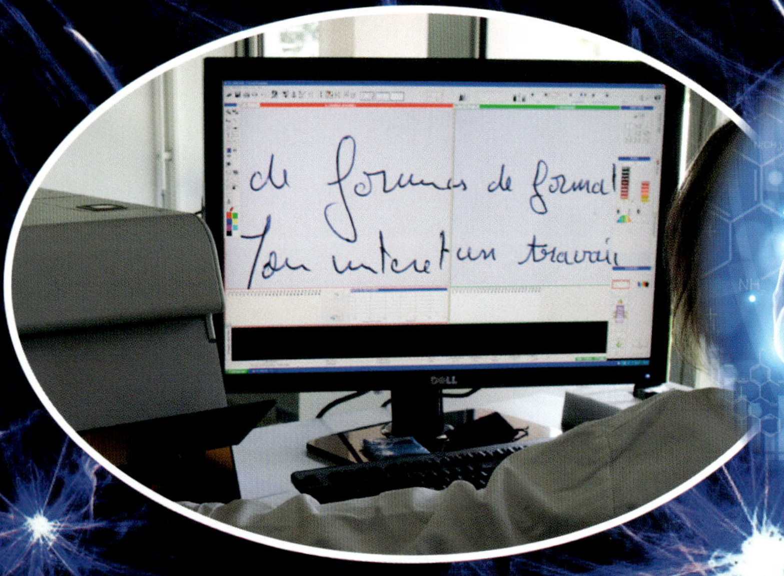

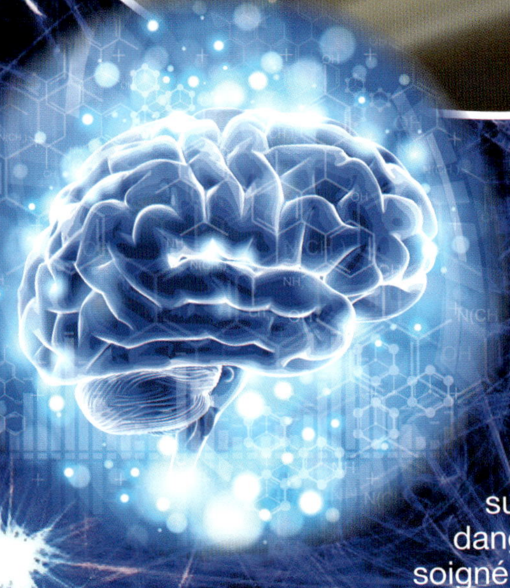

L'expert psychiatre

Ce médecin a notamment pour mission de relever les anomalies mentales ou psychiques d'une personne, dire si le sujet présente un état dangereux, s'il peut être soigné ou réadapté, s'il était, au moment des faits, atteint d'un trouble ayant aboli ou altéré son discernement (par exemple, s'il s'agit d'un schizophrène qui entend des voix lui commandant de tuer quelqu'un). Le psychiatre a un entretien avec le sujet à l'issue duquel il rédige un rapport. L'expertise psychiatrique est obligatoire en matière de faits criminels et l'expert psychiatre expose les conclusions de son rapport à la barre devant la cour d'assises.

L'expertise graphologique

L'écriture est personnelle. Depuis longtemps, les experts graphologues sont chargés de reconnaître et d'attribuer des documents écrits à leurs auteurs. Qui peut être l'auteur d'une lettre anonyme (ou corbeau) ? À partir d'une page d'écriture, le graphologue recherche les éléments de similitude. Toutefois, l'expertise graphologique n'est pas une science totalement exacte.

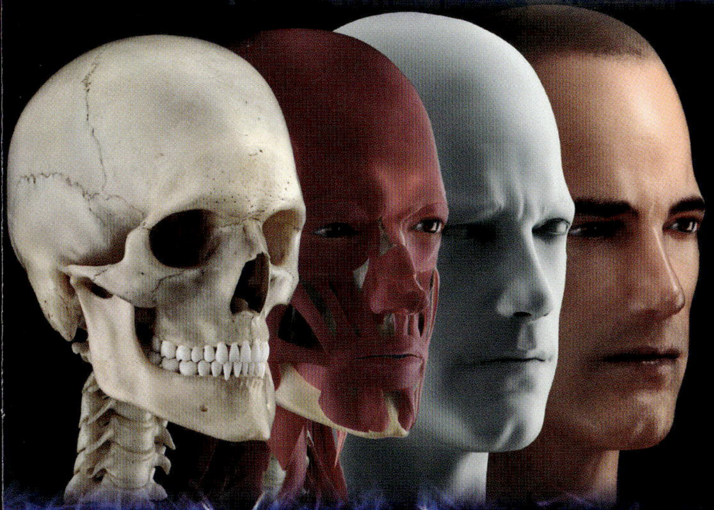

Le profilage

C'est aux États-Unis que ce mode opératoire d'investigation s'est développé, dans des enquêtes concernant des tueurs en série, ou serial killers. Cette technique d'analyse criminelle part des constatations matérielles d'une scène de crime pour en reconstituer le mode opératoire et tenter de définir le portrait psychologique du criminel : son mode de vie social, ses relations, ses traits de caractère. Des logiciels sont utilisés pour entrer toutes les données du crime (constatations, victime, lieu, arme, mode opératoire, témoins, relations, téléphonie) et établir des rapprochements ou des comparaisons.

La reconstitution faciale et le portrait-robot

À partir d'un crâne, une reconstitution faciale peut être réalisée par un sculpteur ou à l'aide d'un ordinateur. Dans le premier cas, le sculpteur travaille sur un moulage de crâne recouvert d'argile dont l'épaisseur est fonction de celle des tissus de la peau. Dans le second cas, le crâne est scanné et un logiciel reconstitue le visage en fonction des données dont il dispose. Les récents progrès de la génétique permettent d'obtenir avec l'ADN des éléments d'identification concernant les caractères morphologiques : couleur des yeux, des cheveux, de la peau, type de visage (portrait-robot génétique).

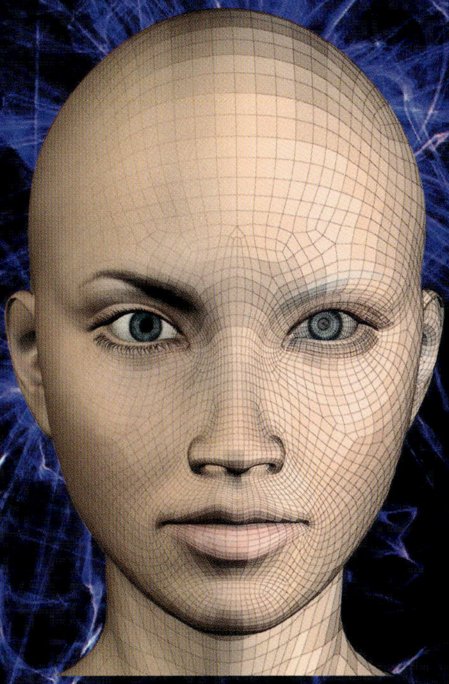

La diffusion d'un portrait, celui de l'auteur présumé ou de la victime, permet aux enquêteurs d'obtenir plus rapidement des informations (c'est le cas lors d'une alerte enlèvement). Le portrait-robot est fait à partir des témoignages. La police n'utilise plus de fiches mais un ordinateur pour l'établir. Le témoignage étant lié à la capacité d'observation du témoin, le portrait-robot n'est pas forcément totalement ressemblant (ce fut le cas pour le portrait-robot de Guy Georges, voir page 27).

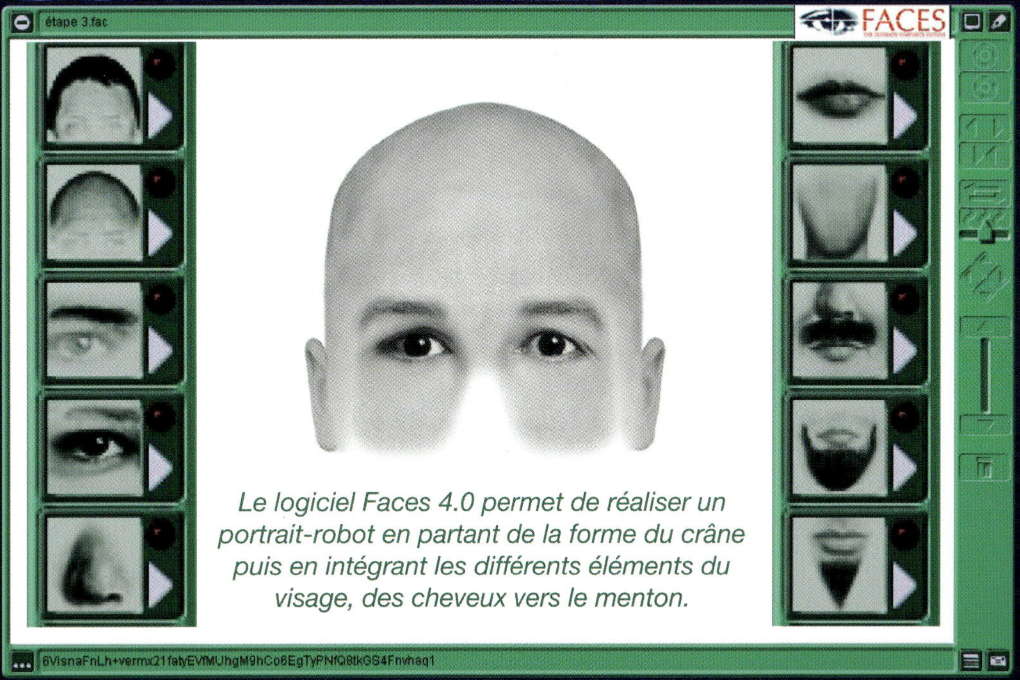

Le logiciel Faces 4.0 permet de réaliser un portrait-robot en partant de la forme du crâne puis en intégrant les différents éléments du visage, des cheveux vers le menton.

LES EXPERTS SUR UNE SCÈNE DE CRIME

Un crime, une catastrophe ou un accident vient de se produire. Policiers ou gendarmes arrivent sur les lieux. Immédiatement, ils protègent la scène avec un ruban de sécurité. Commencent alors, avec l'assistance des experts et des techniciens, les investigations pour recueillir tous les indices, identifier la victime et les auteurs, comprendre comment les faits se sont déroulés, rechercher scientifiquement les preuves utiles à la manifestation de la vérité.

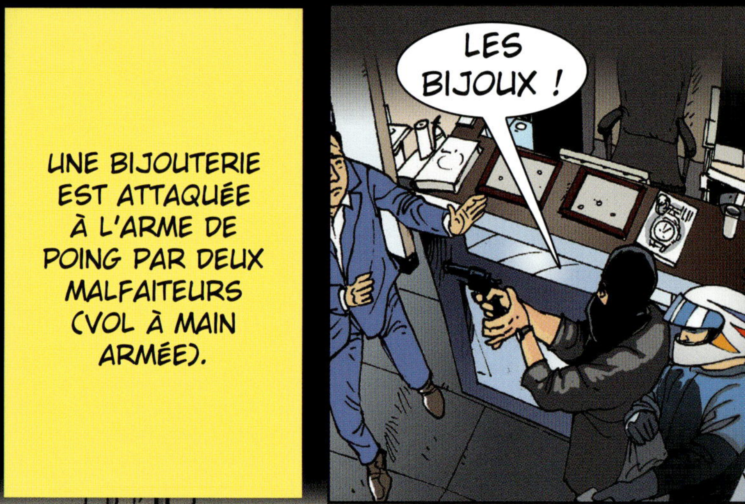

Protocole

- Gel de la scène de crime et sécurisation du lieu
- Recherche d'indices et matérialisation (pose de cavaliers)
- Photos et prise de mesures
- Prélèvement des traces et indices (placement sous scellés)
- Constatations sur le corps de la victime, en présence du médecin légiste

Techniques de recherche des indices par progression

1. *Technique de l'escargot : progression en spirale à partir du centre de la scène de crime.*

2. *Technique du zonage ou quadrillage : progression et recherche par zone en quadrilatère.*

3. *Technique par couloir ou grille : les techniciens se déplacent par couloir avec deux passages.*

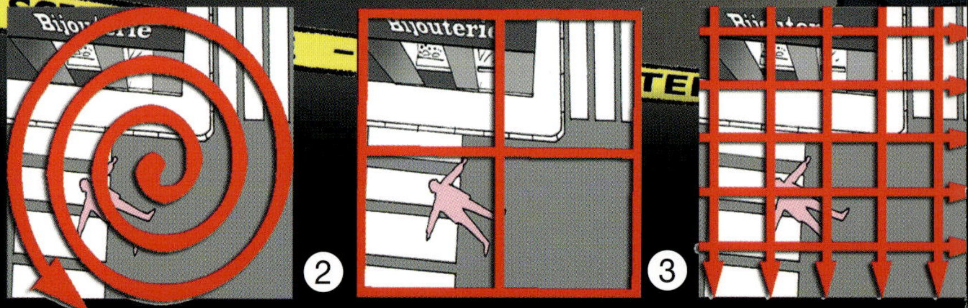

1 2 3

A) *Ruban ou cordon de sécurité.*

B) *Tenue de l'expert ou du technicien (combinaison, calot, masque, surbottes ou chaussons de protection, gants). Cette tenue évite à l'expert ou aux techniciens de laisser eux-mêmes des traces. Elle est généralement blanche, d'où le surnom de lapins blancs.*

C) *Cavalier numéroté : il permet de localiser et de visualiser les indices.*

D) *Technicien photographe : la prise de photographies et de vidéos est indispensable pour mémoriser les lieux en l'état. Un album photographique est constitué.*

E) *Prélèvement des indices : traces de sang, armes, cartouches, balles, vêtements, tissus, poils, cheveux...*

F) *Moulage d'indices : traces de pas ou de pneus...*

G) *Placement des indices sous scellés : les éléments matériels sont placés dans des enveloppes ou sachets hermétiques et scellés avant d'être examinés par les experts en laboratoire.*

H) *Technicien spécialiste des empreintes : du matériel spécifique (poudre, pinceaux...) est utilisé pour prélever les empreintes.*

I) *Examen du cadavre avant l'autopsie. Le médecin légiste peut se déplacer sur les lieux.*

J) *Officier de police judiciaire, chargé de dresser un procès-verbal des constatations de la scène de crime.*

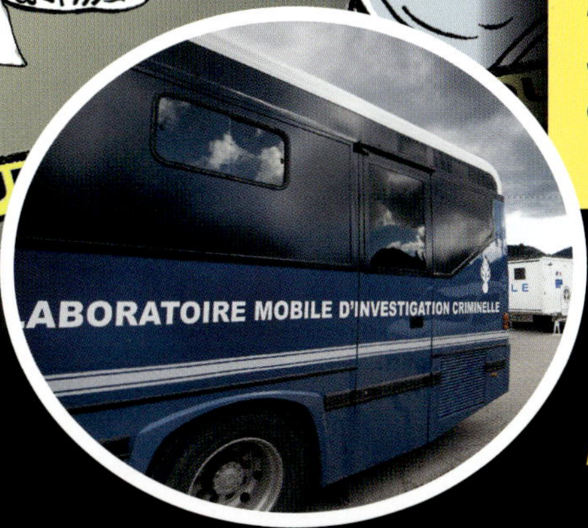

En cas d'investigations très nombreuses et complexes, en particulier pour la recherche et l'identification de corps (catastrophe aérienne), le laboratoire mobile de la gendarmerie est utilisé.

LE TRAVAIL EN LABORATOIRE

Les prélèvements effectués sur les lieux, les indices recueillis et placés sous scellés sont transmis pour expertises aux laboratoires publics ou privés. L'expert scientifique procède en laboratoire à toutes les analyses utiles à la manifestation de la vérité, il rédige son rapport et formule ses conclusions. En cas de difficultés techniques ou de complexité de l'expertise, plusieurs experts peuvent être codésignés. Ils confrontent leurs observations et conclusions.

MÉDECINE LÉGALE (AUTOPSIE)

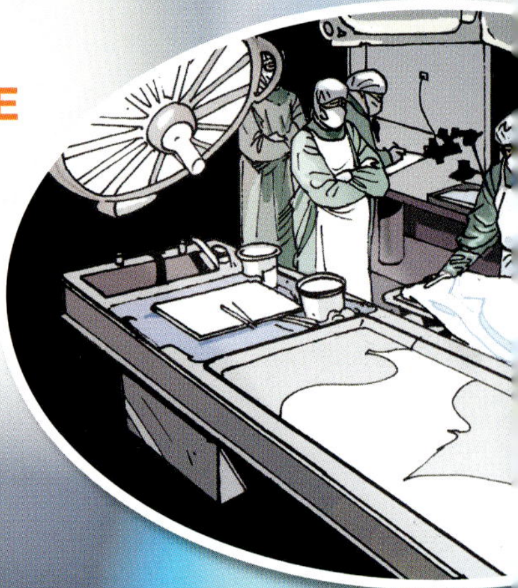

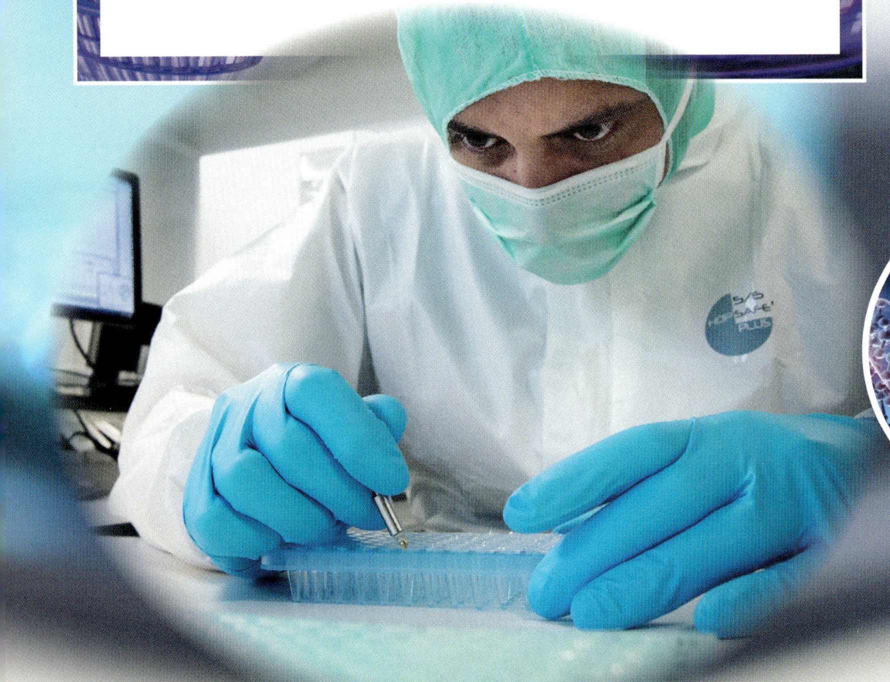

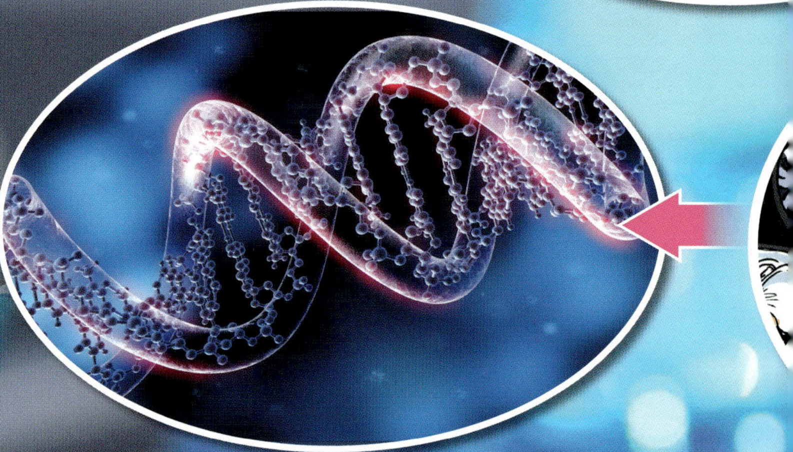

EXPERTISE GÉNÉTIQUE (ADN)

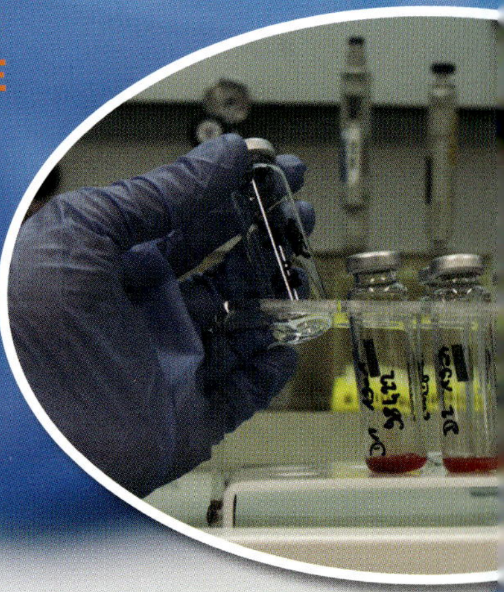

L'expert intervient dans tous les domaines scientifiques. En matière de crime, il s'agit principalement du médecin légiste (autopsie, radiologie), de l'expert en génétique, de l'expert en armes (étude des armes, balistique, résidus de tirs), en empreintes papillaires, en toxicologie (sang, urine, poils, produits stupéfiants, alcool), en nouveaux moyens technologiques (téléphonie, informatique).

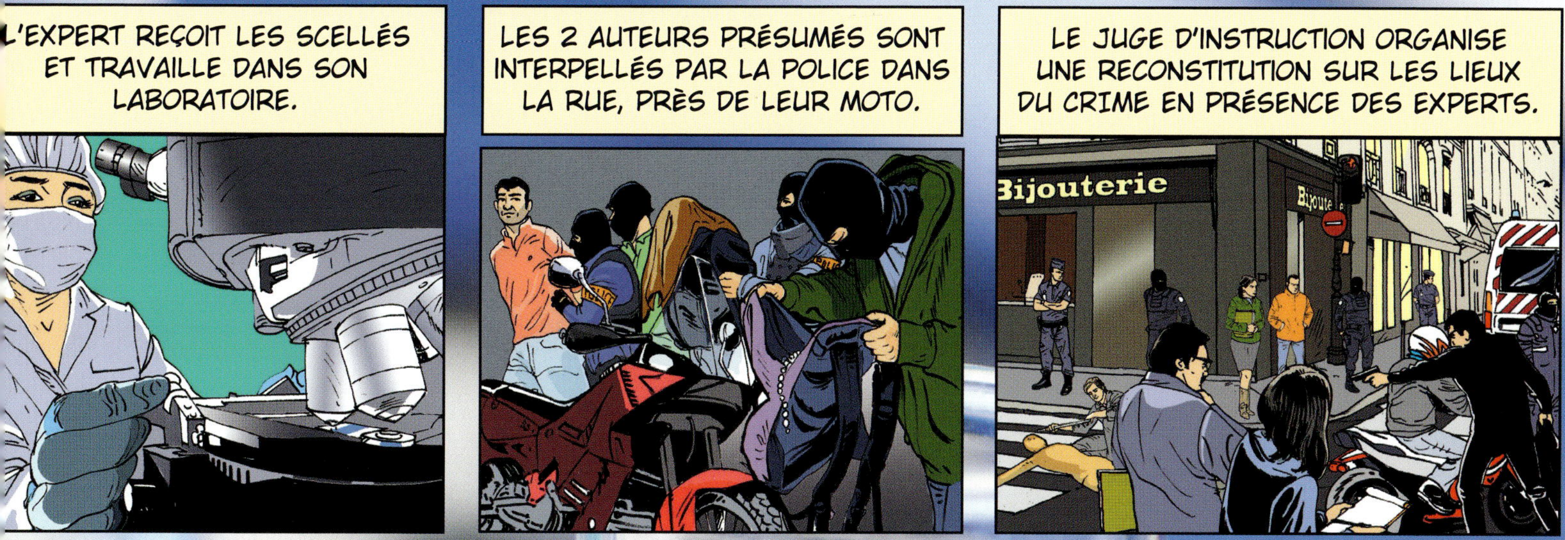

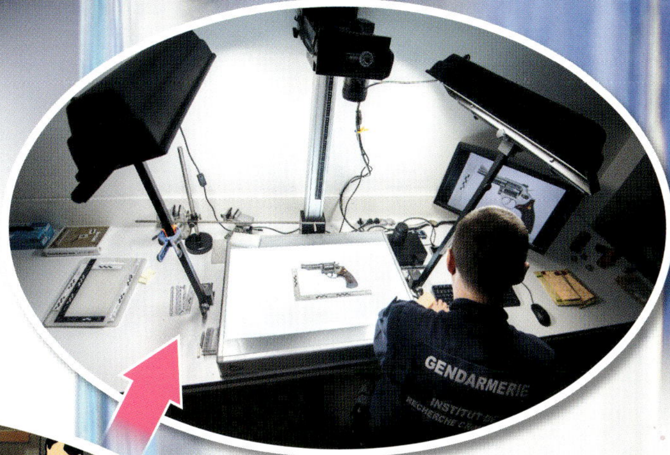

EXPERTISE EN ARMES (BALISTIQUE)

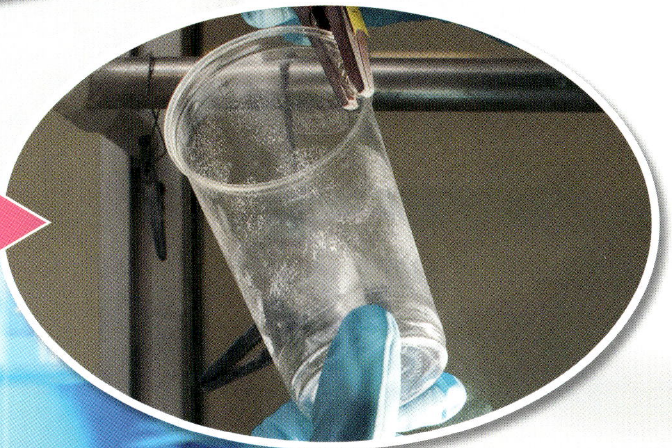

EMPREINTES DIGITALES

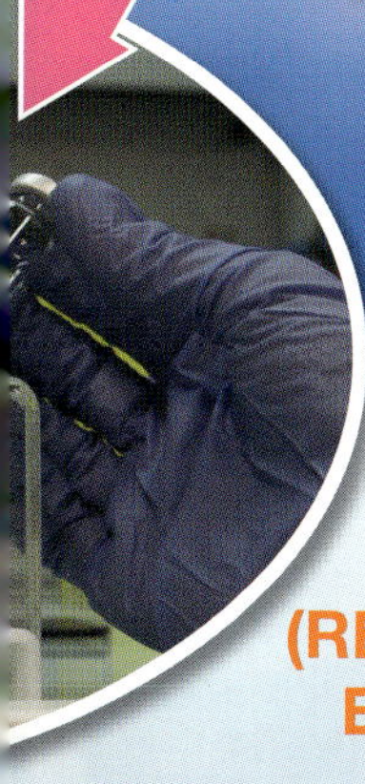

TOXICOLOGIE (RECHERCHE D'ALCOOL ET DE STUPÉFIANTS)

NOUVEAUX MOYENS TECHNOLOGIQUES (TÉLÉPHONIE)

LES EXPERTS À L'AUDIENCE

Le travail des experts scientifiques est essentiel pour la justice. Il ne se limite pas aux constatations lors de l'enquête, ni au travail en laboratoire. Il a pour finalité d'aider la justice. Il permet par exemple d'apprécier les dommages causés par un accident de la circulation, de fixer le montant des réparations financières, d'aider à la manifestation de la vérité lors d'un procès en apportant des éléments de preuve (identification de la victime, d'un suspect, déroulement des faits).

En matière criminelle (viol, meurtre, assassinat, vol à main armée), l'expert présente ses conclusions écrites, d'abord au juge d'instruction qui suit l'enquête, puis devant la cour d'assises chargée de juger l'accusé. À l'audience, l'expert scientifique dépose oralement à la barre après avoir prêté serment « d'apporter son concours à la justice en son honneur et sa conscience ». Il explique à la cour et aux jurés les éléments de son expertise et ses conclusions. L'expertise peut être contestée par les avocats de l'accusé ou de la victime.

EXPERT
J

LES ATTENTATS À PARIS LE 13 NOVEMBRE 2015

Les terribles attentats de Paris (six scènes de crime) ont mobilisé tout le personnel de la police technique et scientifique (180 agents) et des experts (médecins légistes de l'institut médico-légal, généticiens de l'INPS...). Un considérable travail de fourmi a débuté pour identifier les victimes, rechercher tous les indices et permettre d'orienter très rapidement l'enquête sur les auteurs. Tous les moyens techniques (téléphonie, vidéosurveillance, informatique…) ont été mis en œuvre. Pour la solidité des investigations, la police technique et scientifique s'avère fondamentale dans l'enquête.

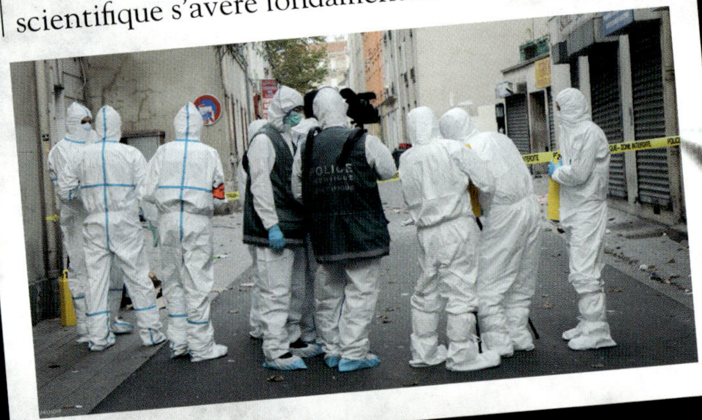

L'AFFAIRE MARC MACHIN

Marc Machin a été condamné à 18 ans de prison pour le meurtre de Marie-Agnès Bedot le 1er décembre 2001. Arrêté grâce au témoignage d'une passante, il avait avoué le meurtre puis s'était rétracté. L'ADN d'un SDF, David Sagno, ayant été retrouvé sur les vêtements et sous les ongles de la victime, Marc Machin a été innocenté. David Sagno, qui a reconnu les faits, a été condamné. En 2010, la cour de révision a annulé la condamnation de Marc Machin et en 2012 la cour d'assises a prononcé son acquittement (il a été déclaré non coupable).

ISES ET AFFAIRES UDICIAIRES

LA MORT DE LADY DIANA SPENCER

Le 31 août 1997, lady Diana Spencer, princesse de Galles, son ami Dodi Al-Fayed et leur chauffeur décèdent lors d'un accident de la route dans le souterrain du pont de l'Alma, à Paris. L'IRCGN était chargé de certaines expertises et un groupe d'experts avait pour mission de déterminer l'état de la Mercedes avant la collision. La théorie d'un complot était avancée. Les expertises ont démontré qu'il n'existait aucun indice suspect, notamment de sabotage. L'instruction a conclu à un tragique accident de la circulation.

L'AFFAIRE GUY GEORGES

De 1991 à 1997, de nombreux meurtres et agressions sexuelles de jeunes femmes dans l'Est parisien demeurent non élucidés. Une vaste enquête policière débute avec peu d'éléments ; du sperme ainsi qu'une trace ADN appelée SK1 (serial killer, tueur en série) sont retrouvés sur un mégot, mais l'absence de fichier national des empreintes génétiques complique la tâche des enquêteurs. Le juge d'instruction centralise les dossiers et diligente une série d'expertises pour comparer les empreintes génétiques. En mars 1998, le laboratoire d'analyses génétiques de Nantes arrive à recouper tous les ADN et à déterminer celui de Guy Georges. Ce dernier est interpellé le 26 mars 1998 dans le 18e arrondissement de Paris. Il est condamné le 5 avril 2001 par la cour d'assises de Paris à la réclusion criminelle à perpétuité, assortie d'une peine de sûreté de 22 ans. Devant la cour sont évoquées les expertises génétiques mais aussi psychologiques et psychiatriques de l'accusé.

L'AFFAIRE DU CONCORDE

Le 25 juillet 2000, après avoir décollé de Roissy-CDG, l'avion le Concorde s'écrasait sur la commune de Gonesse, faisant 113 morts. Les experts ont tenté de déterminer les causes de l'accident. Il s'est avéré qu'une lamelle perdue par un DC-10 de Continental Airlines a fait éclater un pneu, perforant le réservoir et déclenchant une inflammation du carburant. Le choix des experts et les conclusions furent contestés. Le dossier se termina en appel par la relaxe des prévenus.

L'AFFAIRE OMAR RADDAD

Cette affaire très médiatisée concerne le meurtre, en 1991, de Ghislaine Marchal, retrouvée morte dans la cave de sa propriété de Mougins (Alpes-Maritimes). Deux messages ont été tracés en lettres de sang : « OMAR M'A T » et « OMAR M'A TUER ». Son jardinier, Omar Raddad, est mis en cause. Ce dossier donne lieu à de multiples expertises : médecine légale pour connaître la date de la mort, traces digitales, expertises graphologiques... Plusieurs experts ont présenté des conclusions, parfois divergentes, démontrant ainsi que les expertises ne peuvent pas toujours apporter des preuves irréfutables. Le 2 février 1994, Omar Raddad est déclaré coupable et il est condamné à 18 ans de réclusion criminelle. Libéré, Omar Raddad a sollicité la révision de son procès en raison d'expertises ADN en cours.

TABLE DES MATIÈRES

MDS : 661228
ISBN : 978-2-215-14375-8

Dépôt légal à la date de parution.
Conforme à la loi n° 49-956 du 16 juillet 1949
sur les publications destinées à la jeunesse.
Imprimé en Italie (09-16)